El lucro de la salud

Una dedicatoria especial, a aquellos que, se sienten presos de una enfermedad y ven con resignación como su vida pasa, esperando un inevitable final

Introducción

La salud, un término ampliamente utilizado por todos nosotros, desde que somos niños hasta que llega el momento de nuestra muerte, tomando cada vez más relevancia en la medida que envejecemos, o así era hasta hace unas décadas atrás.

Sin darnos cuenta, este tema está tomando importancia, hasta llegar a niveles extremos en edades más tempranas, tal es el caso de jóvenes de 20 años que ya cuentan con un coctel de enfermedades crónicas, aun cuando se han vivido "cuidando" de todos los elementos tóxicos que el mundo puede tener; alcohol, experiencias, tabaco y muchos otros y curiosamente, al preguntarles su sentir, sensaciones del tipo "me siento vacío" o "padezco ansiedad" se vuelven cada vez más frecuentes.

Siguiendo a cabalidad lo que nos han enseñado desde que tenemos uso de razón, nos privamos de cosas, sustancias y circunstancias que nos han dicho que nos causan mal, sin lograr grandes resultados, o al menos, no los que esperamos. Así, creemos que nosotros "estamos fallados" o hay "algo malo en nosotros".

Dado que no sabemos plenamente que, visitamos en primera instancia a una farmacia local, buscando algún remedio que nos pueda curar y más aún, inconscientemente, que nos quite la incomodidad que sentimos con lo que nos pasa o como nos sentimos, muchas veces ignorando cómo funcionan, que es lo que causan en nosotros y más aún, teniendo presente de forma inconsciente que existe una intención absolutamente benevolente de quien nos atiende y/o un conocimiento absoluto del tipo "dios" respaldado atrás de un uniforme corporativo o bata blanca.

Siguiendo por el camino de quitarnos aquello que tanto dolor nos causa, vamos a la búsqueda de un médico o especialista, una vez más, inconscientemente creyendo que este tiene un poder absoluto y/o actitud excelsamente benevolente, como quitándole la categoría de humano. No por nada, el diagnostico, actividad realizada en chile exclusivamente por los médicos proviene del latín y significa "palabra de dios". Así, una vez que estamos en su magna presencia, nos limitamos a contar nuestros males, anhelando que llegue el momento que más esperamos: que nos den una receta con medicamentos para tomar, con la idea de que mientras más cantidad y/o de mayor valor mejor nos harán y así por fin nos podremos curar. En ocasiones, se nos ofrecen pocos medicamentos, sin marca o que nuestra mente categoriza como "baratos" y por ende "malos" y por ello "no sirven", como es el caso del famoso paracetamol de 500 mg cuyo costo no excede los mil pesos (en la gran mayoría de los casos).

Una vez más, nos dirigimos a la farmacia más cercana, con nuestra receta en mano y a pesar de que el costo de lo que nos recetan puede ser elevado, pagamos felices o al menos conformes, creyendo que este es el fin de nuestro dolor y angustia.

Con total ilusión, llegamos a casa y nos tomamos los remedios en cuanto podemos, sin darnos cuenta, esperando un efecto rápido, sobre el que vamos constantemente monitoreando como se va dando. Al cabo de un tiempo más o menos rápido obtenemos el efecto deseado, pero nos encontramos con una nueva desilusión, este dura muy poco tiempo y necesitamos seguir tomando medicamentos para mantenerlo, cosa que igualmente no nos suele importar e incluso en algunos casos constituye un "orgullo" personal, ya que para nuestra mente, es un indicador de que tan "comprometidos", "aguerridos" y "perseverantes" somos con nuestro trabajo, salud o familia y sin decirlo, es un motivo de enaltecimiento de la propia sensación de importancia para muchas personas.

Ya conformes -aunque no lo digamos ni seamos conscientes de aquello- con la idea de tomar los remedios utilizados y regresar a un próximo control, para ver que tanto hemos mejorado o si ya nuestro malestar nos ha abandonado, nos encontramos con una gran "sorpresa", somos crónicos de alguna otra enfermedad que no conocíamos, y debemos seguir utilizando medicamentos crónicos para siempre, ya que por definición estas enfermedades no tienen cura. Así, felices sin saberlo, somos pertenecientes a la gran comunidad de enfermos crónicos, que se encuentra en crecimiento exponencial por el mundo.

A pesar de esto, incluso en aquellos más fieles seguidores de los regímenes de salud y planes terapéuticos convencionales, se alberga una sensación extraña, difícil de definir y variable para cada persona, pero con una característica común: no existe una cantidad de medicamentos que puedan acallarla.

De alguna manera, sabemos que los medicamentos, tan validados por la sociedad y por los mismos científicos que los utilizan, defendidos en algunos casos como la "única verdad", ya que es lo único demostrable por el método científico, no pueden ser la única respuesta a nuestro mal. A pesar de esto, tenemos miedo de probar otras alternativas o puntos de vista de la salud, no porque creamos que no nos van a servir, sino que otras formas de terapia nos acercan a nuestro ser adormilado y negado por mucho tiempo, nos obligan de cierta manera a tomar responsabilidad de nosotros mismos, de cómo hemos estado pensando, sintiendo y viviendo, quizás esto es lo que nos da más pavor de reconocer: nuestras enfermedades son el resultado de no ser leales con nosotros mismos, en nuestra expresión más pura: no seguir los dictados de nuestra alma.

Como este temor es creciente en la medida que vamos creciendo y envejeciendo, principalmente por la sensación de que prácticamente nunca hemos vivido nuestra propia vida y siempre inconscientemente hemos seguido a "alguien más", se genera un escenario idóneo para quien sabe esto para sacar provecho, por ejemplo, la industria farmacéutica.

Así, esta industria -compuesta por laboratorios de investigación y producción, farmacias, visitadores médicos e incluso médicos de manera indirecta- te ofrece una "solución" que no implica mirar hacia adentro de tu ser y "acallar" las enfermedades que padeces, como creyendo que estas no tienen razón de ser, utilidad o significado. De no tener estas claridades, la industria farmacéutica no gastaría millones de dolares cada año en investigar, producir y vender medicamentos, en diversos formatos, posologías y laboratorios.

A menos que existiera un gran fin humanitario detrás de tanta inversión y esfuerzos por parte de esta industria, resulta a lo menos curioso que estén tan interesados en que nos sintamos bien o nos curemos, principalmente, ya que si nos sentimos sanos y plenos ya no seguiríamos consumiendo sus medicamentos y existirían menos ganancias para ello, ¿será que existe otra razón por la cual se empecinan en vender y negar otras formas de terapia?

A lo largo de este ensayo desglosaremos detalladamente el porqué de esta pregunta, haciendo un recorrido desde lo que concebimos y entendemos por salud y enfermedad, incluso por ser humano, pasando por nuestras motivaciones personales para privarnos de la sanación real y el cómo la industria utiliza estas razones para facilitar nuestra enfermedad, repasando a algunos exponentes que visualizaron otras formas de terapia como válidas y con mayor profundidad de lo que respecta al ser humano, finalizando con una reflexión de cómo nosotros mismos, de forma voluntaria, nos alejamos de la salud que es nuestro estado natural, brindándole un poder excesivo a los medicamentos e industria farmacéutica en lo que respecta a nuestra forma de vivir y de ser.

Desarrollo

El humano, desde los orígenes de los tiempos ha ido mutando de variadas maneras, realmente desconocidas, aunque existan diversas teorías que traten de explicar de dónde proviene este, por ejemplo, la de la evolución de Darwin o de Lamarck. Lo cierto es que no tenemos certeza de donde proviene el ser humano, la razón de su evolución como se ha dado hasta el momento, ni menos que es lo que le espera a la raza humana en los próximos siglos.

En medio de las reflexiones variadas sobre lo que es el humano y para qué está en este mundo, una de las más repetidas desde tiempos inmemoriales es que el humano es un ser constituido por varios planos o dimensiones: espiritual, mental-emocional y físico y que todos estos están interrelacionados entre sí, lo que afecta a una esfera afecta al todo y lo que afecta al todo, afecta a cada esfera individualmente. A pesar de esta que puede parecer medianamente razonable, han existido otras concepciones en donde el ser humano ha sido visto prácticamente como una máquina, en donde solo es un cuerpo físico que carece de cualquier elemento extra-material: no es más que simple masa que se mueve en "línea recta" de forma espontánea, sin tener capacidad de cambiar su rumbo pre-establecido.

Es interesante como estas dos concepciones del humano, dan origen a distintas formas de medicina.

Para el segundo ejemplo (modelo mecanicista de Newton) el ser humano está prácticamente "vacío" o sin defensas ante un mundo que está lleno de potenciales amenazas, lo que traído hoy sería la comida poco saludable, el alcohol, tabaco, drogas varias e incluso situaciones de nuestra vida, y producto de estas mismas, se pierde la salud, obviando los planos mentales-emocionales y espirituales del humano. Como la enfermedad es anexa al cuerpo, externa, debemos tratarla con sustancias externas igualmente, dice la medicina tradicional, que erradiquen las consecuencias negativas que ha causado la amenaza inicial o el síntoma. En este paradigma se sustenta la medicina tradicional y el uso de medicamentos clásicos.

Por otra parte, la primera concepción de humano conlleva un mayor significado, en donde, esencialmente, este es un ser trascendente, una parte de él (alma) supera la muerte y el resto solo es un vehículo para que esa parte inmortal se manifieste en este mundo, tiene una misión y objetivo y que este forma parte de un todo inmaterial que es equivalente a toda la creación del universo. En esta forma de ver a las personas, no hay amenazas, solo oportunidades de aprendizaje, de crecimiento y eso incluye a las enfermedades. Tal vez la pregunta obligada en este punto es ¿aprender qué?, esencialmente, más que aprender, a recordar aquello que todos en alguna medida hemos olvidado, nuestra capacidad de amar a todos y todo los que conformamos este mundo, incluyendo a nosotros mismos.

Como la enfermedad es una forma de aprendizaje para potenciar nuestra capacidad de amar, esta debe ser tratada de forma interna, trabajando de distintas maneras aquellas barreras que nos impiden amar por completo a la creación en su totalidad. En este precepto se sustentan variadas formas de medicina alternativa.

Fruto del modelo mecanicista de newton, nacen los medicamentos, sustancias químicas extraídas inicialmente desde la naturaleza y/o sintetizadas en laboratorio, destinadas a modificar el funcionamiento "anormal" del cuerpo físico, contrarrestando, teniendo un rol antagónico al supuesto origen de la enfermedad, por decirlo de algún modo, si en la diabetes uno tiene la azúcar alta, el medicamento te la baja hasta un parámetro de normalidad definido por un grupo de "expertos en la materia", de manera totalmente arbitraria.

Aquí se presenta el primer aspecto controversial, lo que es normal o no, se define en investigaciones en espacios cerrados, controlados y totalmente teóricos, estableciendo que todo aquello que se encuentre fuera de esta normalidad "imaginaria" es incorrecto, patológico, sin razón de ser y por ello debe ser eliminado, dando paso a que las personas se etiqueten como "diabéticos", "ansiosos" o "depresivos" por ejemplo, reduciéndolos aún más en la expresión de lo que son.

Por otra parte, el medicamento es aprobado después de millones de dolares en inversión, en donde, este pasa desde una molécula, una pequeña expresión de la materia, hasta un comprimido o jarabe, por ejemplo. Para que esto suceda, se realizan una serie de pruebas, que básicamente se pueden clasificar en dos tipos: preclínicas (sin involucrar al ser humano) y clínicas (pruebas en personas), durante años o décadas, aceptando la posibilidad de que todos los esfuerzos pudiesen no ser fructíferos, es decir, que el medicamento no llegue nunca a comercializarse. Esto puede suceder, siempre y cuando los resultados de alguna de las pruebas, definidos, nuevamente por parámetros totalmente teóricos, controlados y arbitrarios, no concuerden con lo estipulado.

Nuevamente, un grupo de personas definen aquello que es normal, aquello que es válido, aquello que es verdad, en base a su observación de la realidad, que por más que se trate de una "persona neutral", probablemente esté condicionada por sus intereses; si no, probablemente no sea humana. Así, puede darse el caso de que, pensando en la cantidad monetaria de inversión realizada, pueda jugarse un poco con los resultados para que estos coincidan con lo esperado.

Una vez que este medicamento pasa todas las pruebas necesarias y dado que siempre fue probado en condiciones teóricas y controladas, sale al mercado, para ser utilizados en personas con las enfermedades estudiadas, pero esta vez bajo un escenario en el que es impredecible como se comportará el remedio en las personas; la verdad, no existen claridades de que tan efectivos son los estudios que se realizaron para demostrar que este es seguro y eficaz, por ello, este se sigue estudiando "en la vida real", bajo el nombre de "estudios de fase 4", en donde, si existe la mínima prueba de que este no funciona, o principalmente, de que no es seguro para las personas, es inmediatamente retirado de circulación. Esto, deja entrever que, en la práctica, no hay garantía de los mismos investigadores y productores de medicamentos de que tanto puedan servir estas sustancias ni de cómo se comportará en las personas. A pesar de esto, esta forma de concebir al humano, la enfermedad y la salud es ampliamente validada en todas las sociedades científicas del mundo como la "única verdad" y la única forma de terapia que "sirve".

Siguiendo el recorrido del medicamento, este se encuentra en manos de su laboratorio productor, que está encargado de vender su producto, para que la inversión no se pierda o incluso, para generar elevadísimos márgenes de utilidad. Así, una forma de lograr esto es vía los visitadores médicos, profesionales de distintas áreas, no solo de la salud, que nuevamente, aceptan como verdad lo que el laboratorio entiende como verdad, ya que, de este modo, pueden conservar su sueldo y mantener su trabajo bien remunerado, llevando este discurso en primera instancia a los diversos médicos, generales y de especialidad, que, desde su formación, sin saberlo, han compartido la misma forma de concepción reduccionista del humano, la salud y la enfermedad que la industria y por ello están abiertos, unas veces por convencimiento, otras por intereses de otra índole (becas, cruceros de vacaciones y regalías) a utilizar lo que los visitadores médicos les ofrecen. Me resulta curioso, pero habitualmente, las mallas de medicina que imparten muchas universidades del mundo no suelen tener una rica formación en medicamentos, esto lo puedo decir, con pleno conocimiento de causa, ya que estudié la carrera más enfocada a esta materia, Química y Farmacia en Chile, Farmacia o farmacobiología en otros países. Este puede, convenientemente, ser un punto a favor de los laboratorios para poder aumentar sus márgenes de utilidad.

Otra de las posibles vías para que el medicamento sea vendido desde su laboratorio productor, es mediante un trato directo con la farmacia, en donde, nuevamente, existen ciertos convenios, para facilitar que ganancias de ambas partes.

Sea desde una receta o desde un trato directo laboratorio-farmacia, la misión de la farmacia, como retail o comercio al detalle que es, por más que se trate de vender la imagen de "centro de salud", es vender, utilizando una vasta gama de herramientas de marketing (incluido el neuromarketing) para ello. Las posibilidades son variadas, puede ser mediante promociones (dos por el precio de uno), anuncios en la televisión o radio, o recomendaciones del personal de la farmacia. Independiente de la manera en que se busque promocionar y potenciar la venta de los medicamentos, no es al azar, siempre existe un pleno conocimiento de la mente subconsciente de las personas, de como suelen pensar y de cómo poder crear la necesidad de vender cada vez más, no en vano, nuevamente se realizan campañas millonarias de marketing para lograr vender cada vez más.

Todos estos esfuerzos publicitarios de la industria suelen ser muy fructíferos, dado que las personas subconscientemente toman como "verdad" aquello que es dicho por especialistas en la materia y aún más, porque tienen impregnada en su mente la visión mecanicista de Newton sobre el humano, la salud y la enfermedad: es lo único que conocen y les han enseñado. Este punto, resulta crucial, ya que, dada las múltiples exigencias sociales, morales y laborales a las que somos expuestos desde que somos pequeños, convenientemente, no solemos tener tiempo para buscar "otras verdades" o posibilidades, ya que, en lo más profundo de nuestro corazón, sentimos comodidad en esta dinámica, aunque no seamos felices ni nos llene lo que se nos ofrece.

De esta manera, voluntariamente nos ponemos en una situación "pasiva" con respecto a nuestra salud, repitiendo sin cuestionar lo que se nos ha enseñado, entrando en un estado de "ignorancia voluntaria", siguiendo a las masas y dejando el poder para hacer y deshacer con nosotros a la industria y a sus intereses en esencia económicos.

Efectivamente, quienes enriquecemos a la industria farmacéutica y potencia sus preceptos somos nosotros mismos, con una nuestra desición de dejar nuestra salud y vida a mano de otros, "liberándonos" de nuestra desición de elegir qué es lo que queremos para nosotros.

A pesar de la responsabilidad eludida por muchos de nosotros, resulta entendible esto, ya que, desde niños somos obligados -incluso en algunos casos hasta la vejez- a seguir a las masas, las ordenes que se nos dan por parte de nuestros superiores, padres, maestros, jefes, e incluso amigos y parejas, viviendo una especie de esclavitud en donde, perdemos la curiosidad y la capacidad de pensar y cuestionar si lo que se nos dice, siguiendo a las masas, con el fin último de que seamos amados por lo que hacemos y no por lo que somos.

Esto no podría ser de otro modo, difícilmente en estas condiciones podría emerger el amor propio o el amor sincero por otra persona, ya que hemos vivido ignorando, rechazando y tachando de incorrecto aquello que escapa de nuestro plano físico: nos rechazamos a nosotros mismos.

A consecuencia del dolor generado y creciente a lo largo de la vida por esta razón, es que se propicia que sigamos en esta misma dinámica, ya que una vez más, sentimos incorrecto, lo que nos pasa y ante ello debemos ocultarlo rápidamente, para que volvamos a "ser normales" y poder "seguir rindiendo" y "no nos dejen de querer". Queremos "sanar" lo más rápido posible, o mejor aún, negarlo, para seguir tal y como estamos, a pesar de que aquello no nos haga felices ni plenos, ya que sin pretenderlo ni saberlo, si estamos enfermos por algo, esencialmente crónico, nos sentimos menos, fallados, no dignos de amor ni de cosas buenas en nuestra vida.

Seguimos entonces, visitando recurrentemente la farmacia, con el fin de obtener un remedio para nuestras enfermedades -principalmente crónicas-, cuyo número parece ir en aumento en vez de disminuir. En este punto me quisiera detener y quisiera describir el funcionamiento de una farmacia, desde mi experiencia como farmacéutico.

En primera instancia, se debe generar un pedido de medicamentos y otros insumos con cierta regularidad, este en la mayoría de los casos no es realizado por el farmacéutico encargado del establecimiento, en adelante, "local", sino que es definido desde los empresarios dueños de este, en las cantidades y tipos necesarios a su criterio, para un periodo determinado.

Esto nuevamente deja entrever el hecho de que una persona, alejada de la formación de la salud ortodoxa define lo que se vende en la farmacia, pero muy cercano a la formación económica, por ejemplo, un ingeniero comercial o administrativo en finanzas. En este tipo de decisiones prima en escasa medida lo que se denomina costo/eficiencia que se enseña tanto en las carreras de química y farmacia de Chile: brindar el medicamento más barato que pueda servir al paciente. Probablemente, esta desición se toma con base a los márgenes de rentabilidad proyectados en un determinado tiempo.

Este pedido, es gestionado y direccionado a cada farmacia, en conjunto con una nómina que detalla su contenido y su fecha de vencimiento, pero, lo más importante, en conjunto con una planilla de "metas de venta del local para el mes": Tal cual, de forma explícita, se deben alcanzar las metas de venta en el local, con medicamentos no seleccionados por los profesionales formados en el área, de la manera en que sea necesario o si no, el trabajo de aquellos que pertenecen al local peligra. He visto, incluso, el envío de correos tres veces al día, a los integrantes de la farmacia, con el fin de "presionarlos" a vender más y alcanzar la meta a "determinada hora del día", con la implícita advertencia: "si no vendes, te echamos, y te quedas sin comer".

Otras veces, más "benignas", se ofrecen "puntos" a ciertos tipos de productos en convenio, sean del área farmacéutica o no, plasmados como bonos en relación con su venta a aquellos que vendan más de estos productos. A esto, se le llama "canela", que se decía que en Chile estaba erradicada, no obstante, en mis ultimas experiencias, he observado que no es así. Así, queda claro el que, la misión fundamental de la farmacia es vender, no importa tanto la manera, sino el llegar a las metas establecidas.

Sumado al miedo constante de perder el trabajo y de la constante amenaza implícita de que "te pueden reemplazar cuando quieran", los auxiliares de farmacia no tienen más que aceptar este acuerdo. La pregunta obligada aquí es, ¿ellos son conscientes de todo lo expuesto en este ensayo? Para nada, su formación, convenientemente, para convertirse en auxiliares o técnicos en farmacia, no incluye más que un grado de conocimiento sobre los diversos medicamentos disponibles en el mercado y sus potenciales usos (causa-efecto, "esto es para esto"), ignorando muchos aspectos "no dichos" del mercado farmacéutico local y mundial, para ellos, no es más que trabajo, que sin saberlo, se asemeja a lo que se hace en un supermercado, solo que aquí se venden medicamentos, por ello, su capacidad de negarse a estas imposiciones implícitas es reducida y no tienen más remedio que acatar y aceptar las normas del local.

Por otra parte, existe una figura en la farmacia, que estudió entre cinco y seis años, con pleno conocimiento del mercado farmacéutico y del funcionamiento comercial de la farmacia: El químico farmacéutico en Chile. Este cuenta con una gran formación en las diversas áreas relacionadas con el medicamento e incluso de marketing farmacéutico, por ello, es consciente de este funcionamiento -más no, generalmente, de la forma reduccionista de concebir la salud aprendida desde la enseñanza media o secundaria-. Este tiene como misión, contrario a lo que se creería, gestionar, administrar el local, concordar que los números coincidan con lo estipulado, de medicamentos, stock y principalmente de ganancias, así, este está más o menos ajeno de la atención de los pacientes, ya que los roles impuestos por su empleador lo mantienen ocupado en otras cosas, generalmente de índole administrativa.

Así, con un grado de consciencia variable entre profesionales, este, igualmente acepta el trato, principalmente por el jugoso sueldo que se recibe (desde un millón cien mil pesos hasta dos millones) mensualmente, por el reconocimiento que esta carrera ofrece o incluso por la sensación de valor que se puede obtener desde este estatus. No hace mucho, tuve la oportunidad de trabajar en una consolidada cadena de farmacias, en donde, tuve un rol más activo en la atención con personas y mis intervenciones, que solían terminar en evitar ventas innecesarias para el paciente o de pequeño costo, "dejaban mal" a los auxiliares de la farmacia, que se regían por los preceptos mencionados anteriormente en este ensayo.

Así es, en mi experiencia, gran parte de lo que se vende, no era necesario y/o la opción ofrecida regularmente era excepcionalmente cara, sin beneficio adicional para la persona, pero si para la farmacia.

Me parece un cuadro perfecto, se tiene un profesional capacitado, universitario en el local, pero este no realiza actividades relacionadas con lo que estudió, pero que con el solo hecho de estar, es aval de garantía y de confianza por las personas que visitan el local.

Así, con este sistema muy bien pensado y diseñado, las ventas de las farmacias crecen exponencialmente, hasta alcanzar el orden de cien millones de pesos chilenos o unos ciento cincuenta mil dolares por mes. Definitivamente se torna rentable y prueba inequívoca de ello, es que existen cada vez más farmacias, muchas de la misma cadena, cada vez más próximas unas de otras, incluidas aquellas que venden vía comercio electrónico.

En este punto, falta el factor más crucial que permite que estos negocios funcionen de esta manera a lo largo del tiempo, la dependencia física y/o psicológica a los medicamentos. Si una paciente sana, se halla feliz, pleno con su vida y tiene un sentido de vida, difícilmente se enfermará y por ello, tarde o temprano dejará de consumir lo que la farmacia puede ofrecer, poniendo en riesgo sus jugosas ganancias.

Por esto, la estrategia de mantener pacientes, infelices, vacíos y principalmente ignorantes de otras respuestas asociadas a la salud y la enfermedad facilita la viabilidad del negocio a largo plazo o al menos, con los márgenes de utilidad que pueden ser fácilmente del 1000% por cada farmacia.

Como ejemplo interactivo, una farmacia de cadena de nombre "X", tiene un margen de utilidad de setenta millones de pesos mensuales o cien mil dólares estadounidenses y a lo largo del mundo tiene una cantidad de ochocientos locales, me brinda en total para un mes, teóricamente, una ganancia o rentabilidad de cincuenta y seis billones de pesos chilenos o un poco más de setenta y siete millones de dólares estadounidenses.

En este punto, la pregunta obligada es ¿por qué las personas no buscan otro tipo de soluciones?, hay muchas, realmente, y las iremos repasando durante este ensayo, pero, todo tiene como puntal el hecho de que, los medicamentos acallan, bloquean los síntomas, señales de auxilio de nuestro cuerpo para que hagamos ciertos cambios en nuestra vida, pero que, como siempre se nos ha enseñado que son incorrectos, negativos e incluso afectan nuestra imagen y autovaloración, hay que eliminarlos rápidamente, cuando, en su esencia más básica, el dolor que nos ocasionan, es el único impulso que nos puede movilizar hacia la búsqueda de soluciones reales, no solo a nuestros síntomas, sino a la gran gama de emociones que experimentamos diariamente y que preferimos evadir.

Así, se establece un sistema perfecto, en donde, existe una retroalimentación desde la industria farmacéutica, la ignorancia voluntaria de las personas (por miedo esencialmente) y la falta de conocimiento de nosotros mismos y nuestra capacidad de amar, que da como resultado a un solo ganador: la industria farmacéutica.

En este desconocimiento que tenemos primero de nosotros mismos, luego de cómo funciona nuestra salud, la enfermedad y las formas de terapias que utilizamos, ha surgido la corriente de "regresar a lo natural". Esta implica y está sustentada en el precepto de que los medicamentos por ser "químicos" son malos para nosotros y los productos que provienen de la naturaleza, en sus diversos formatos (desde la planta fresca, hasta un extracto de hierba medicinal en una capsula) son buenos, y que esta suerte de productos químicos, son de por si tóxicos y dañinos.

Desde el punto de vista de la medicina tradicional, los productos derivados de plantas medicinales y los medicamentos funcionan exactamente igual; una molécula que causa un efecto contrario al supuesto origen de la enfermedad. Aunque el origen pueda ser diferente, la lógica de funcionamiento en el organismo humano es prácticamente el mismo y sujeto a las mismas normas de uso.

Convenientemente, esto último ha sido omitido nuevamente, sumado a la ventaja de poder realizar estrategias de marketing más potentes, por la escasa regulación que rige a los productos naturales, estableciéndose un nuevo nicho de mercado para la industria farmacéutica, nuevamente, por el poder brindado desde las personas que utilizan y deciden creer sin cuestionar lo que se les ofrece.

Más allá de lo económico, siempre desde la mirada de la medicina ortodoxa, esto resulta preocupante, ya que al comportarse como medicamentos, estos productos naturales, son un potencial origen de complicaciones asociadas a la medicación, tales como, interacciones, efectos secundarios e incluso intoxicación. paradójicamente, al creerse estas sustancias naturales más seguras, constituyen un riesgo aún mayor para la salud que el mismo medicamento convencional al que se le tiene "más respeto".

Así y todo, es normal ver cómo van en crecimiento las campañas de marketing para este tipo de productos, por el simple hecho de venderse, más allá del potencial riesgo para la salud que puede originar en las personas su uso desinformado. A veces, es tal el desconocimiento, que se dejan de lado los medicamentos crónicos, utilizados por años, por utilizar este tipo de productos, potenciando la aparición de variadas descompensaciones y/o aparición de nuevas enfermedades crónicas secundarias a la inicial.

Es real que las personas deciden creer en lo que ven, en sus familias, vecinos y en aquello que les ha enseñado y la responsabilidad primaria de su salud está en sus manos, no obstante, desde la imagen de "centro de salud" que es promovida desde las farmacias, uno de sus deberes, es la de entregar un medicamento o producto natural con todas las indicaciones de uso y salvedades que sean necesarias, personalizando la atención para cada paciente en específico, situación que en la práctica no sucede y probablemente nunca suceda bajo el modelo de atención actual, ya que, no contratan a su personal con esa misión (aunque se diga lo contrario), no establecen sus metas y objetivos pensando en eso ni pretenden hacerlo mientras generen las rentabilidades esperadas.

La pregunta obligada en este punto es: ¿por qué no lo hacen?, simple, habría mayores costos asociados, a capacitación y elección de personal, además de menores ganancias. Por poner un ejemplo, si en la farmacia se atiende en promedio ocho horas diarias, y regularmente la atención de un cliente (ya que, desde su perspectiva es así) tarda en promedio dos minutos, es posible atender para un auxiliar, restando una hora de almuerzo y/o descanso, doscientes diez personas, no obstante, realizar un trabajo terapéutico completo, realizando la entrevista, evaluando la situación y entregando la información pertinente, a lo menos, tardaría quince minutos, para una persona capacitada, atendiendo el mismo auxiliar en una jornada laboral, veintiocho personas.

Haciendo una proyección sencilla, se reducirían aproximadamente, ocho veces la rentabilidad de la farmacia. Es por esto que resulta imposible esperar, que bajo el modelo actual esto suceda.

Resulta interesante, entonces el hecho, de que en los diversos centros de formación, profesional y técnica, se pasen años para generar personas que no utilizan realmente sus conocimientos de forma íntegra. Esto es así, ya que, la misión de estos, se generar empleabilidad, es decir, estas instituciones tienen como meta que sus egresados sean contratados, por ello se adecuan plenamente a lo que las empresas exigen de ellas. paradójicamente, lo que les es exigido a aquellos que forman parte de esta industria, es tan mínimo, que si solo se enseñara lo que se necesita para trabajar, la formación no excedería el año para Químicos Farmacéuticos y los seis meses para otros trabajadores de la farmacia. Así, como a su vez, las universidades deben generar ciertos índices de rentabilidad, se extienden innecesariamente las carreras, a veces con el endeudamiento de las personas, para potenciar su imagen y "sellos de calidad".

Como todo en la vida, puede haber ciertas excepciones, pero en mi experiencia profesional, en donde vi variadas realidades, está es la tónica general que he observado.

Resulta algo desolador, pero las personas que han decidido continuar con este sistema -ya que este sistema no sería posible sin las personas que forman parte de él- se han conformado con el estatus que brinda trabajar en una farmacia y obviamente, el sueldo que suele ser más o menos jugoso: se han vendido a un sistema que, saben, más o menos conscientemente, solo beneficia a unos pocos.

No es un misterio tampoco, que producto de esta misma forma de pensar, en algunos lugares del mundo, se esté reemplazando al personal involucrado por máquinas inteligentes que puedan generar mayor eficiencia (mayor rapidez en la entrega del medicamento con menos errores) y esto tarde o temprano estará instalado en Latinoamérica, para nuevamente, potenciar las márgenes de utilidad de este sistema capitalista neoliberal.

Ciertamente, el único que puede gozar de cierta "seguridad" es el Químico Farmacéutico, dado que existe un decreto de los años ochenta, en donde, se obliga a este a estar presente en una farmacia para que esta pueda estar abierta, no obstante, como cualquier ley, cuando sea requerido por los grandes consorcios económicos del país, puede ser cambiada con facilidad.

Aquí es cuando todo cobra sentido no?

Las grandes empresas de la industria necesitan un Químico Farmacéutico, pero, mantenerlo realizando actividades directas con las personas, constituye un riesgo para el negocio (por su formación), entonces, es ahí en donde se le asignan labores administrativas en donde, este se asemeja a un gerente de supermercado y el medicamento se asemeja a una bolsa de pan. Ciertamente, dichos profesionales han decidido esto, con sus legítimas razones, no obstante, es su absoluta responsabilidad que estas personas, que gobiernan el mercado de la salud, se hagan cada vez más ricos, a expensas, de la ignorancia y buena fe de las personas.

Hay quienes, sabiéndose ignorantes del tema y aún en más, entendiendo que puede haber necesidad de tomar la responsabilidad de su salud, visitan internet y Google, con el fin de ver todo lo que un determinado medicamento puede hacer. Con cierta rapidez, se encuentran en Wikipedia o incluso, con las fichas técnicas de los medicamentos que consumen (información sumamente fiable y de calidad). El problema que se ocasiona aquí es que, el común denominador de las personas no sabe, ni tiene por qué saber interpretar dicha información, pero como la necesidad lo amerita, se aventuran a hacerlo. Por más valerosos que puedan parecer, con relativa facilidad caen en errores interpretativos tendientes a magnificar el potencial negativo de los medicamentos.

Por ejemplo, en la ficha técnica del paracetamol, aparece que en una de diez mil personas que lo usan, puede aparecer falla hepática grave (cirrosis), entonces, algunos deciden dejar de tomar sus medicamentos creyendo que eso les está o les puede pasar en el futuro.

Esa actitud, a mi juicio irreprochable y responsable para hacerse cargo de su propia salud y entender cómo funciona su tratamiento, debiese estar guiada por quienes son parte de la industria, pero como esto, como dijimos previamente, afectaría su rentabilidad, se descarta y el paciente se encuentra, no solo desconcertado, sino que ahora también asustado, al no hallar respuestas para aquello que siente y que todo lo que conoce desde niño clasifica como "incorrecto" y "patológico".

Así, el paciente, que en primera instancia ignora que no sabe quién es, cuál es su propósito en el mundo, el gran condicionamiento subconsciente que carga debajo de su definida "identidad", el significado de la salud (ni cómo obtenerla), de la enfermedad, ni cómo funciona su tratamiento, entra en una vorágine de sensaciones que no entiende y de las que no puede salir, pero que como estas preguntas son "incorrectas" y para personas "enfermas" y "exageradas", no puede sino rechazarlas bajo todos los distractores que esta sociedad nos puede brindar, como los viajes, las diversas drogas, la comida e incluso los mismos medicamentos

Con la ayuda de todos estos recursos que nos duermen a las sensaciones que sentimos, vivimos, sobrevivimos, pero con una sensación de vacío que no se puede llenar ni siquiera con el mar atlántico, pero que como no sabemos salir de él, tratamos de escapar tanto como podemos de él, hasta que se torna insostenible. Antes de esto, comenzamos a padecer cierta ansiedad e intranquilidad que puede aparecer en cualquier momento (síndrome de ansiedad generalizada para la medicina ortodoxa); ante esto, hay quienes pueden visitar a un médico rápidamente o hay quienes, en su afán de sentirse "normales" y "suficientes", siguen conviviendo con esto.

Luego, comienzan los estados de ánimos "negativos" que perduran por mucho tiempo -nuevamente tachados como incorrectos- como la tristeza, la ira y el miedo, nuevamente, negados para no poner en riesgo el amor que podemos recibir de los demás y nuestro propio autoconcepto.

No tarda en aparecer, posteriormente, el insomnio o la hipersomnia y así una serie de malestares que, por más que recurramos a lo que conocemos, se siguen acumulando y parecen no tener fin; a pesar de que andemos desde los veinticinco o treinta años con una bolsa enorme de medicamentos.

¿Será que esto es lo único que nos toca vivir? ¿será que no hay más soluciones?

Estamos atrapados en un hilo sin fin, donde nuestro dolor e infelicidad se acrecientan día con día -aunque disimulemos lo contrario-, mientras otros se enriquecen con el mismo. La verdad, parecemos no tener salida, al menos con la rigidez mental que nos ha traído hasta este punto, esa rigidez de decir, "esto es verdad y esto no", esa rigidez de no abrirse a probar otras alternativas que el mundo nos puede ofrecer, que aunque todos "hablen mal" de ellas, podamos elegir, intentar sanar en vez de seguir a la masa que "tiene la verdad absoluta". Más adelante en este ensayo, hablaremos extendidamente sobre las razones por las cuales se rechaza otras formas de terapia, pero como puedes intuir, tiene que ver con grandes sumas de dinero.

A partir de este punto, el cambio de perspectiva puede darse en momentos variables, dependiendo principalmente de cuanto dolor uno es capaz o se permite tolerar. Depende de cuando se llegue al colapso emocional y mental, ese momento en donde se dice "Ya no puedo sostener esto más" y abandonas total o parcialmente tus obligaciones y te metes de lleno en permitirte sentir lo que sientes y descansar un poco de ello.

Este momento de reflexión y replanteamiento de la misma existencia y forma de vivir, solía tener el nombre de "crisis de los cuarenta", pero tanto por factores previamente mencionados en este ensayo, como por otros relacionados con otros condicionamientos que cargamos, sin saberlo, a lo largo de nuestra vida, esta ha tendido a adelantarse, en concreto, desde los veinticinco en adelante, aunque, es esta edad aproximadamente, ya que en estos momentos hemos vivido lo suficiente para darnos cuenta de que es "lo que no queremos" para nuestra vida. Si bien, previamente, incluso desde la enseñanza básica o primaria ya se suelen dar medicamentos para el trastorno de déficit atencional e hiperactividad, negando la propia identidad desde entonces, el niño no tiene la capacidad de decidir para si mismo ni menos de entenderse (ya que le han enseñado a obedecer y no a ser fiel a si mismo), ya que debe seguir lo que dicen sus padres o cuidadores, ya que estos son, los que le aseguran sobrevivir.

A partir de aquí, la primera opción que suele aparecer es la de visitar un psicólogo o psicóloga, según sea la preferencia, ya que esta actividad igualmente tiene un grado de validación científica, cada vez en aumento.

Nuevamente, nos encontramos expuestos a la misma lógica, de distinta manera; los psicólogos ganan utilidades por cliente o paciente -según punto de vista- enfermo y no sano. Un paciente sano, no sigue visitando la terapia, descontando utilidades de estos profesionales. Esto, se encuentra subconscientemente presente en su mente, ya que como todos, necesitan satisfacer sus deseos y necesidades.

Teniendo en cuenta esto, y considerando que, no necesariamente, quien incorpora conocimientos terapéuticos e información del tema, aplica esos conocimientos para si mismo, ni menos, se conoce a sí mismo, ni ha sanado sus propias heridas emocionales. En este punto, surge la pregunta, ¿aquellos psicólogos que no se han sanado a sí mismos, pueden ayudar a otros a sanarse?

Probablemente no, ya que no han hecho el trabajo de autoconocimiento para si mismos y es que, el modelo educativo actual de las universidades se basa en la incorporación de información y el cómo el estudiante puede incorporarla y usarla en diversos contextos, pero no es requisito aplicar dicha información para si mismos y sanarse para obtener dicha certificación. Nuevamente, si esto fuese exigido, la cantidad de egresados seria ampliamente menor y probablemente, la motivación de los mismos estudiantes para estudiar psicológica se reduciría, ya que, al sanarse a si mismos, ya no habría necesidad, para muchos de estudiar psicología. Si esta popularidad disminuyese, nuevamente, existirían menos universidades que impartieran esta carrera, menor cantidad de egresados y por último, menor rentabilidad de las casas de estudios.

Resulta interesante, pero como dijimos previamente, las universidades se adaptan a lo que la sociedad exige para ellas, si un profesional sale al mundo laboral sin sanarse a sí mismo mental y emocionalmente ¿las personas quieren sanarse verdaderamente?, probablemente no, si no los requisitos para ser psicólogo serían otros.

Esto es reforzado por el hecho de que, a lo largo de su formación se la pasan estudiando las distintas visiones de la psicología y del mundo de otras personas, pero difícilmente, generan su propia visión de la psicología, de la persona, la salud y la enfermedad. Estos profesionales, entonces, repiten constantemente las teorías de otros psicólogos connotados, tratando de aplicarla a otras personas, pero al terminar su formación, difícilmente tienen sus propias opiniones, ni mucho menos, son auténticos en su forma de ejercer la psicología.

Así, quienes se encuentran absolutamente desconectados de si mismos, visitan a otras personas, igualmente condicionadas, para que estas las ayuden a entenderse, aceptarse y amarse a sí mismos. En ese sentido, probablemente quienes visitan constantemente un psicólogo, no buscan sanar, ni entenderse, solamente buscan a alguien que les diga que deben hacer, alguien que "lea sus pensamientos y emociones" y les de respuestas, buscan a alguien que tome la responsabilidad de hacerse cargo de ellos y de los problemas que padecen, implícitamente creyéndose en todo momento, quizás convenientemente, que ellos mismos son incapaces de sanarse a sí mismos, con las herramientas y el conocimiento adecuado.

Más profundamente incluso, hay quienes buscan ser validados, escuchados y no sentir que son incorrecto, por parte de alguien más y no tienen a otra persona a quien recurrir.

Como es de esperarse, los meses o años de terapia, no suelen ser fructíferos; el paciente no alcanza ni la plenitud ni la paz en su vida, ya que, por más que incorpore herramientas como el mindfulness o estrategias cognitivas-conductuales, no sabe quién es, ya que un psicólogo que probablemente tampoco lo sepa, y por lo tanto, no sabe cómo aplicarlas de forma adecuada, estando por tiempo indefinido "viendo al psicólogo", sin avances reales. Y es que, en lo profundo de muchas personas, tampoco existe el deseo de sanar, hoy en día visitar al psicólogo es visto como una señal de "responsabilidad" y de "cuidar su salud mental", siendo esta imagen suficiente para muchos consultantes y satisfactorio para el psicólogo que sigue recibiendo la admiración social y lo más importante, las ganancias mes a mes.

Así, llega un punto de la terapia en donde, ya no hay más avances y el psicólogo ya no tiene más "respuestas" a las preguntas del consultante, ¿y qué sucede entonces?, la derivación al psiquiatra es una jugada segura para acallar el dolor aún creciente en el paciente, incluso dentro del mismo periodo en que empezó la terapia psicológica.

Nuevamente, regresamos a los brazos de la industria farmacéutica, de la mano de los psiquiatras, que teniendo bajo el brazo su DSM V -Manual diagnóstico y estadístico de trastornos mentales-, en donde, se categorizan ciertos eventos -de forma subjetiva aunque parezca objetivo- dando una "respuesta" a las personas del tipo de enfermedad que padecen y que los hace "incorrectos".

Así, reducimos aún más a una persona, de forma tal, que si alguien cumplió tales criterios, tiene ese problema, el origen es desconocido, no tiene sentido de aprendizaje de nada y el mensaje que se trasmite al consultante es "tu estas fallado de nacimiento" o "el problema eres tú" y solo tienes que aceptarlo y tomar tus pastillas toda la vida para "llevar una vida normal", como todos. Sin saberlo, esto daña más al paciente que no tener respuesta alguna, ya que, nosotros hemos construido por mucho tiempo, la imagen de "diostor", donde su palabra es ley y como somos personas "ignorantes" y "sin poder", solo podemos obeceder en silencio y aceptar lo que nos dice como la única verdad.

El psiquiatra, nos ofrece al menos dos medicamentos para nuestro estado de ánimo -habitualmente de marca y caros- y en muchos casos, de por vida, para regresar una vez más a ser parte de la industria farmacéutica y sus productos, esta vez, sin esperanza de encontrar algo que realmente satisfaga a nuestro corazón y a nuestra alma.

Efectivamente, convivimos con el vacío, a pesar de que los síntomas se hayan ido, pero con constantes preguntas, ¿esto es todo lo que hay en la vida?, ¿la felicidad y libertad existen? ¿necesito esto para estar bien siempre?, en un efecto "bola de nieve" que parece nunca acabar.

El panorama parece cerrado, no hay como escapar de este sistema tan bien hecho para mantenernos esclavos, desconectados e infelices mientras nuestros deseos de seguir comprando en otras industrias aumentan sin cesar.

Habitualmente, para que exista algo que nos invite y despierte a ir más allá de lo establecido, necesitamos saturarnos de dolor, ya sea gradualmente o con un evento en concreto muy poderoso, como puede ser la muerte de alguien, estar sobrecargado de deudas o ser diagnosticado de una enfermedad que cause mucho miedo. En esos instantes, puede surgir la desición de "ir más allá" y probar otras cosas, en un escenario en donde no hay nada que perder y sobretodo, somos conscientes de que no viviremos para siempre y debemos de hacer lo que sea necesario para experimentar la felicidad y libertad que anhelamos.

En este camino que se acaba de iniciar, podríamos no sentirnos con suficientes fuerzas o confianza en nosotros mismos, por ello, suele suceder que caigamos en solicitar la ayuda de algún "gurú" con poder sobrenatural, como tarotistas y lectores del futuro.

En este punto, no hay crítica con aquellos puntos de vistas que pudiesen tener las personas que ejecutan este "arte", con sus "poderes" o "dones"; no obstante, se repite nuevamente la problemática, se toma como verdad absoluta la definición de lo que nos está pasando o nos puede pasar por parte de un tercero, tanto o más condicionado por sus creencias que nosotros. Su consejo suele ser agradable y esperanzador, lo que nos regocija y aumenta brevemente nuestro autoestima y sensación de autoaceptación, pero esta sensación es fugaz y corremos el riesgo de necesitarlo para tomar ciertas decisiones o simplemente decirnos que podemos cumplir nuestros sueños, o que no hay nada malo con nosotros. Se podría decir, que cumplen el rol de un "buen amigo" o de un "amor". Quienes empiezan a no estar satisfechos con estas formas de "terapia", comienza a probar otro tipo de opciones, en donde, ellos puedan ser más protagonistas.

Una de las primeras decisiones que pueden aparecer, es la de probar la denominada autoayuda o desarrollo personal, nuevamente, altamente atacado por los medios de comunicación y buena parte de los profesionales de la salud ortodoxa convenientemente a favor de la industria farmacéutica.

En este tipo de prácticas, recae la idea de que la "experiencia" de una persona, que se reconoce como condicionada, puede ofrecer herramientas que le han servido en el "mismo viaje" que la persona está emprendiendo y este es un punto crucial: muchas personas que se dedican a estas áreas se preguntaron en algún momento lo mismo que la persona que está iniciando, se exponen a si mismos como el "producto" y lo que se ofrece son las herramientas, de modo que, la persona puede tomar lo que le haga sentido y "probarlo", y rechazar todo aquello que no considera útil para si mismo. Hay excepciones en los que "gurús", definen como verdad su experiencia condicionada y la venden como tal, no obstante, en este punto hay una diferencia relevante: la persona ya no está sujeta e indefensa a lo que le dice alguien de "mayor poder" o jerarquía social, aquí hay una relación de iguales, en donde la persona que quiere sanar, tomar él la decisión de lo que es útil para su salud.

Más allá de que estas inquietudes que tenemos hoy en día, desde la antigüedad había algunos sabios de la humanidad que tenían otro concepto de salud y enfermedad y convenientemente, estos conocimientos han sido continuamente ocultados y menospreciados por la sociedad de la que tanto deseamos ser pertenecientes, como decíamos, con el beneficio solo de un puñado de personas que se enriquecen de nuestro poder cedido hacia ellos.

Si bien han aparecido varios "sabios" a lo largo de los años, uno de ellos, Jesús de Nazaret cuya imagen ha sido tergiversada a favor de los intereses y el poder de la iglesia católica, nos decía "Ama a tus hermanos como a ti mismo". Esta frase, tan sacada de contexto y utilizada por la iglesia bajo la idea de "sacrificarse por otros es amarlos", reflejado en todos los sacrificios y represiones que aceptan los que profesan esta religión, aún a pesar de la infelicidad más o menos consciente que poseen por esto, continúan, bajo la idea de que "podrán ir al cielo después". Pero, desde otra interpretación, si no te amas a ti mismo ¿Cómo amaras a otros? Y si uno sufre -como por las represiones de la iglesia católica- ¿entregara sufrimiento a los demás. Además de esto, Jesús nos deja otra clave: todos somos parte de lo mismo, de una manera u otra. Con este mensaje, se deja en claro, que el bienestar de uno es el bienestar de la humanidad y el bienestar de la humanidad, es el de uno mismo. Igual resulta interesante, mencionar, con respecto a Jesús, que, cuando el "se sacrificó" por nosotros, probablemente, no se estaba sacrificando, ya que, en las diversas representaciones no parece haber sufrimiento, del tipo que tenemos nosotros mismos cuando nos obligamos a hacer algo que no queremos hacer, más bien, el nos comprendía, en nuestra ignorancia, por qué y para que lo hacíamos y entendía que el tener resentimientos u odio, simplemente le haría daño a sí mismo.

Con esto en claro, también no parecía asustado por morir, pero tampoco se estaba sacrificando (ni eso le estaba asegurando un lugar en el "cielo"), eso da a entender que probablemente después de la muerte, a la que tanto tememos, exista un "cielo", abierto para todos, más allá de lo que hagamos o dejemos de hacer o cuán ignorantes podamos ser. Desde esta época, se ha tergiversado la realidad, con el fin de asegurar el bienestar de unos pocos, "la elite", está de más mencionar todas las fechorías en nombre de dios realizada por la iglesia convencional para controlarnos, en nombre del amor.

Genios e iluminados de todos los índoles han aparecido por todas partes, pero mencionarlos a todos sería tema de otro ensayo, por ello, nos centraremos en aquellos "revolucionarios" que se referían en mayor o menor medida a lo mismo que Jesús y pudieron tangibilizar sus ideas en una forma concreta de terapia.

Como puedes imaginar a estas alturas, todos ellos censurados por las industrias farmacéuticas de todo el mundo y otras empresas, incluso las de comunicación, malentendiendo su visión, convenientemente, para que estas terapias carezcan del poder que pudiesen tener con una apropiada formación y conocimiento de ellas.

En primera instancia, uno de los primeros revolucionarios en poder concretar una forma de terapia de su ideología es Samuel Hahnemann, médico alemán que dio origen a la homeopatía.

Hahnemann, ejerció como médico convencional en un contexto en donde, a los enfermos se les trataba de forma inhumana, incluyendo castigos físicos y altas dosis de medicamentos tradicionales. En esta época se creía que la enfermedad era causada incluso por demonios que poseían a las personas y que los castigos físicos eran la forma de desalojar ese mal.

Este, creía que era imposible que la naturaleza pudiese "fallar" dando origen a las enfermedades, sino que nosotros estábamos malentendiendo el origen de las enfermedades y más importante, su tratamiento.

Para él, nosotros somos energía tangibilizada como materia, por ello, contamos con un potencial creativo y curativo impresionante, denominado por el cómo "fuerza vital" y que siempre y cuando se respetara esta fuerza vital, uno tenía el potencial de curarse a sí mismo. Asimismo, menciona que, los síntomas (que en su conjunto hoy definen las denominadas enfermedades), no son más que esfuerzos de la fuerza vital para que el cuerpo se sanara a sí mismo y por ello, los síntomas debían ser respetados o potenciados, según sea el caso, para que la curación se diera de forma natural.

Creía a su vez que, los medicamentos tradicionales, en dosis convencionales, no podían tener bajo ningún concepto "potencial curativo", ya que acallaba los síntomas y con ello, el esfuerzo natural del organismo de curarse a si mismo.

Llegó a esta conclusión luego de probar, de forma empírica, ya que Hahnemann era médico de profesión, altas dosis de materias primas que dan origen a los medicamentos y observar, según el método científico de la medicina convencional, que altas dosis de un medicamento determinado, causaban el mismo cuadro clínico que la enfermedad a la que trataba el mismo. Por ejemplo, si se utiliza enalapril para bajar la presión, el uso de una alta dosis de enalapril subiría la presión. Entendió, entonces el potencial para generar enfermedades de los medicamentos y para él, era imposible que una fuerza potencialmente patogénica pudiese curar. Asimismo, concluyó entonces, que el uso de pequeñísimas dosis de medicamentos, exacerbarían los síntomas levemente, potenciando los esfuerzos curativos del cuerpo, mediante la fuerza vital, para obtener una curación completa del cuadro del paciente.

Este concepto de enfermedad y de terapia, evidentemente revolucionó el siglo XIX y por el temor de que pudiese tener razón Hahnemann, fue rechazado por su propio gremio, a pesar de usar el mismo método que se utiliza para la medicina tradicional, evidentemente, ajustado a la tecnología de aquel tiempo. Era tan revolucionaria su propuesta, que el temor ocasionado era natural y él lo entendía así, por ello continuo con su propio camino a pesar de no tener el apoyo de la sociedad médica.

Por ello, se animó, con plena convicción en sus ideas a crear la homeopatía (que significa similar a la enfermedad), en donde, su propuesta fue que, una sola dosis de un medicamento, en dosis infinitesimales era capaz de curar a una persona de todos sus "males", siempre y cuando se cumplieran ciertos criterios que se mencionaran en los apartados siguientes.

El remedio debe ser perfectamente individualizado a la situación de salud global del paciente, priorizando sus síntomas mentales- aunque se tratase una enfermedad renal por ejemplo-, luego los generales (incluyendo si gusta de lo salado u odia lo dulce en su enfermedad) y finalmente los locales que se puedan presentar. La homeopatía no estandariza un grupo de síntomas como enfermedad, sino que trata la individualidad de la persona, deslizando que el origen de sus enfermedades, sean de la índole que sean, son en primera instancia, de origen mental. Asimismo, el remedio debe además estar modalizado, es decir, cada síntoma, no tienen utilidad de la homeopatía, es necesario mencionar en muchos casos, por ejemplo, si estos aparecen de noche, al atardecer, se presentan con deseo de tomar bebidas calientes o frías, entre otros. El remedio debe utilizarse en dosis pequeñísimas.

Ejemplificando, 1 CH, es una unidad clásica de la homeopatía Hahnemanniana y significa que en un frasco se puso 1 mL del remedio y 99 mL de agua destilada. Es posible imaginar que tan pequeña es la unidad de medida que utiliza la homeopatía, cuando es fácil encontrar diluciones del orden de 6CH, 30CH o hasta 1000 CH.

De esta manera, es posible evitarse los efectos secundarios de los medicamentos y no interferir con la fuerza vital en sus intentos curativos. Esto permitía que el mismo, utilizado en pequeñas cantidades, estimularía los síntomas del paciente, "dándole un empujón" a la fuerza vital que se encuentra en el individuo intentando la curación de sí mismo.

Resulta curioso, pero a una dosis o potencia de 30CH, no hay materia, no hay molécula, no hay sustancia que pueda interactuar con nuestro cuerpo físico, solo energía. Desde Hahnemann, ya se deslizaba la idea de que los humanos, más allá del material, eran en esencia energía.

La lógica de Hahnemann se sustentaba en que cada persona, más allá de los síntomas o enfermedades que pudiese tener "tenía una forma particular" de enfermar y eso es lo que se debiese tratar, a la persona y no un "diagnostico" en concreto.

Más aún, en sus últimos años, dejó un legado bastante interesante, que tiene que ver con su propuesta del origen de las enfermedades. Para él, existían los denominados miasmas, que corresponden a predisposiciones de las personas a enfermar, esencialmente, por su manera de vivir -y de interpretar la vida- que les hacía enfermos crónicos, por más que una terapéutica fuese adecuada y segura, seguirían enfermando mientras no se adquiera cierta consciencia o punto de vista diferente de la vida.

Como es de esperarse, una terapéutica que no tenga efectos secundarios, que no categorice al paciente como "hipertenso", sino como una persona con hipertensión, económica, que bien utilizada requiere un par de dosis para funcionar, perfectamente individualizada, que entiende al paciente como un todo y que vea más allá de la enfermedad misma, que nos invite a tomar responsabilidad sobre nuestra forma de vivir y concebir la vida, atenta contra todas las ganancias que pudiese tener la industria e incluso pondría en riesgo su viabilidad.

Sorprendentemente, desde las distintas escuelas de formación de profesionales de la salud, hay un rechazo tajante a la homeopatía, en donde, a pesar de que esta fue concebida bajo la mirada del método científico, no se detienen en debatir al respecto de que tan útil puede ser, es decir, para ellos "no puede ser", ya que "no va con nuestra forma de pensar", a pesar de parecer, desde la neutralidad y con el apropiado conocimiento la terapéutica ideal. Esto responde, como dijimos anteriormente, a que, los distintos profesionales y casas de estudio responden literalmente a lo que el mercado laboral les pida, sea lo que sea, incluso, si es necesario rigidizar las mentes jóvenes para que no vean más allá y obedezcan lo que se les enseñe. Tema de otro ensayo será, que tan sabios -distinto a la cantidad de conocimiento e información- se vuelven los estudiantes en la universidad, pero, pareciera ser que se vuelven menos sabios, ya que suelen perder la capacidad de cuestionar lo que se les ha dicho y enseñado y obedecer ciegamente "la verdad" que les han ofrecido sus profesores y finalmente sus empleadores, aún a costa de las primeras motivaciones de muchos de ellos para estudiar alguna carrera de la salud.

Entonces, de plano las universidades convencionales, en su gran mayoría, no solo no enseñan esta terapia, sino que, propenden a que sea rechazada arbitrariamente con solo escuchar el nombre "homeopatía", con argumentos realmente poco sólidos, que esconden el mensaje de "así me lo dijeron en la universidad, así debe ser".

Dentro de estos argumentos se encuentra el hecho de que "no existen estudios científicos" que avalen su seguridad y eficacia. No obstante, tras una revisión más o menos "exhaustiva", en los portales de búsqueda de estudios científicos convencionales, es posible encontrar ejemplares que estudian el funcionamiento de la homeopatía, es decir, hay estudios, pero pocos. La razón de esto sea probablemente, es que para la industria farmacéutica, es poco conveniente financiar este tipo de estudios, ya que finalmente, atentaría con su propio sistema de adquisición y crecimiento exponencial de utilidades.

Esto explicaría, en parte la existencia de tan pequeña cantidad de ensayos de este tipo. No obstante, resulta muy interesante, pero en los ensayos que hay, se muestra, en proporción una tasa de efectividad similar a los de los medicamentos tradicionales, incluyendo mejores perfiles de seguridad y el uso, también en animales incluso. Entonces, nos encontramos ante un sesgo, en donde decimos "no hay estudios", cuando hay poca cantidad, pero esta misma, proyecta un funcionamiento similar a los medicamentos, a un menor costo, mayor seguridad y un potencial infinitamente superior si se trabajara en potenciar esta herramienta terapéutica.

En la misma línea, hoy en día, curiosamente, en Chile, no existen escuelas de homeopatía con cierto "peso" o "trayectoria", es más, el Instituto Hahnemanniano Internacional Filial Chile, ha desparecido, a pesar de contar con gran importancia en la década de los noventa. Es de esperarse, el crecimiento de la homeopatía atenta con el sistema de salud consolidado no solo por la industria farmacéutica, sino con todo su modelo de atención a las personas. Las razones de esto, desde ya y en relación con lo escrito en este ensayo, ya pueden intuirse.

Teniendo como base esto (la negación constante y la falta de escuelas serias de formación en homeopatía), no es posible asegurar de que la homeopatía "no salga a la luz" con todo su potencial, ya que los pacientes en un estado de apertura mental y/o con un grado de desesperación, pueden tender a desear probarla.

Para que este "boicot" pueda ser completo, también, debe "ensuciarse" un poco a la homeopatía, y en nuestro medio, la forma de hacerlo es la siguiente: exigir altísimos estándares de formación en homeopatía -imposible de obtener en Chile ni vía online- para certificar oficialmente a alguien como homeópata y una escasa regulación de quienes la ejercen.

La pregunta aquí es ¿Para qué se hace esto?

La misión de esta estrategia, promovida en primera instancia desde el Ministerio de Salud y posteriormente de la Secretaria Regional Ministerial de Salud, esta última, que certifica a los homeópatas en Chile, es que ronden en el país una gran cantidad de "malos homeópatas", que no entienden el mensajes ni arte generado por Hahnemann, ni como practicar adecuadamente homeopatía. Derivado de esto, no es de extrañar que muchos de estos "profesionales", al no tener claro cómo llevar adelante la homeopatía, sugieran a las personas que dejen sus medicamentos clásicos o no aterrizan sus expectativas, de modo que, el mensaje sea malentendido y generando cada cierto tiempo noticias distorsionadas de la realidad que dicen "la homeopatía mató a...", alejando a las personas de la inquietud y posibles beneficios que pueden obtener de esta práctica bien hecha.

No obstante, la industria farmacéutica, no ha querido dejar cabos sueltos y ha decidido sumarse a la homeopatía, lógicamente, sin seguir los preceptos de Hahnemann, para seguir vendiendo a aquellos que aun así busquen "probar algo más natural".

Además, homeopatía que se vende en las farmacias homeopáticas no es la que desarrolló Hahnemann, ni tiene rol curativo ni mucho menos, graficándolo, sería como vender un tratamiento sintomático en una dosis pequeñísima: no hay personalización ni entendimiento de la situación global del paciente, no hay dosis adecuadas, ni modalización, ni ninguno de los preceptos claves de Hahnemann. Esto es parte de una corriente de práctica de la homeopatía alterna, llamada "complejísimo", en donde se dan varias sustancias homeopáticas, en dosis infinitesimales, permitiendo palear los síntomas del paciente, "que se sienta bien", sin necesidad de tener demasiada interacción con el paciente ni conocimiento de la homeopatía (existen tablas de los diversos laboratorios en donde se señala, para cada producto, su uso y cuantas veces al día debe utilizarse), facilitando un resultado rápido que permita, nuevamente, que el paciente regrese el próximo mes o la próxima semana y atender a la máxima cantidad de personas posibles, aumentando dramáticamente sus utilidades, incluso en este contexto. Y es que, esto es posible, ya que las personas, como decíamos, al no conocer más recursos, "se aferran" a lo "que hay", generando una dependencia indeterminada con lo que le pueda ofrecer la industria farmacéutica en cualquiera de sus formas.

En este punto me tomó la libertad de mencionar el ejemplo de un paciente que conocí, mientras trabajaba en una farmacia homeopática, que me comentó: "llevo once años utilizando este remedio (complejo homeopático) para las hemorroides de mi señora". El ejemplo, habla por sí mismo.

Así, ni la terapia homeopática, ni los productos naturales, han podido escapar de la influencia de la industria farmacéutica, que es "apoyada" por otros grupos de poder e influencia social en el país, como los medios de comunicación, las universidades e incluso, el mismo gobierno y autoridades de salud.

Como es de esperarse, nuevamente, otra terapia, muy conocida, pero tratada de forma diferente a la homeopatía, es manipulada por la industria farmacéutica, con el fin de etiquetar "el mal" de la persona -reduciendo la expresión de si mismo y de su salud a un grado intimo- con el fin de acrecentar sus utilidades mensuales, sin ofrecer, a mi juicio, una ayuda real ni verdadera a quien viene a buscar una solución.

Edward Bach, Médico cirujano, caracterizado por ser un "iluminado", muy consciente de su alma y que utilizaba la intuición en los pasos más importantes que dio en su vida.

Inicialmente, trabajó como médico convencional en Londres, en el siglo XX, pero con el pasar del tiempo, consideró que las formas de terapia utilizadas entonces (y hoy en día), eran muy "fuertes", con demasiados efectos secundarios y tal vez lo más importante, no había una comprensión adecuada del origen ni significado de la enfermedad, tanto de él como de la sociedad médica londinense.

Por ello, se animó a investigar -utilizando como base los descubrimientos y preceptos de Hahnemann- otras formas de terapia, siendo uno de sus primeros el hecho de que muchas enfermedades, de diversa índole y órganos afectados, se originaban por desequilibrios bacterianos en el intestino grueso y consideraba que la administración de "nosodes" o bacterias atenuadas y en baja cantidad podían curar no solo una enfermedad específica, sino más bien, podían curar a algunas personas. Así es, Bach, creo las vacunas orales (que se toman) y avanzó en estudios que demostraban otras utilidades para estas, más allá de la prevención de enfermedades, sino como estrategia de potenciación de la salud general, generando gran revuelo de la comunidad científica de aquella época.

Luego de esto, hubo un quiebre en su vida: de la mano de su instinto, concluyó que lo que era hasta ese entonces, su visión de la salud y la enfermedad era errada, y por ello quemó todo su laboratorio de investigación de nosodes y se fue a vivir solo al campo, a donde se dirigió para crear una nueva terapéutica, suave y que atacara el verdadero origen de la enfermedad.

Así, en su libro "Cúrese a usted mismo" y en sus diversas conferencias, que realizó hasta poco antes de morir, no solo definió lo que para él era el origen de la enfermedad, de cualquier índole, sino que también desarrollo un sistema floral completo que facilite la curación de las personas. Desde ya, se puede adelantar que lo verdaderamente relevante para Bach no eran sus flores, sino su visión de la vida y de cómo interpretó la enfermedad.

Para Bach -aunque no lo dice expresamente- los humanos somos energía, que está plasmada en un cuerpo material (plano físico), una mente (plano mental) y un alma (plano espiritual). Los primeros dos planos, solo son "herramientas" para que el alma pueda estar presente en este mundo, cumpliendo una misión, generalmente benevolente hacia toda la creación, entregando amor con las cualidades y potencialidades que tiene cada individuo. Para él, el alma es completa, perfecta y parte del todo -se explicará mejor este concepto cuando se hable de Biodescodificación y física cuántica- y que todos los aprendizajes que podemos tener en la vida, es para que la mente y el cuerpo puedan acercarse a la perfección del alma. Mientras más nos acerquemos al alma y a sus mandatos, más felicidad, salud y dicha cosecharemos en nuestra vida y es nuestro debe aprender a acercarnos a ella, mediante una serie de lecciones y aprendizajes de la vida.

Así, hay lecciones individuales y diferentes para cada persona y generales, aplicables para todas las personas de la humanidad.

La primera de las lecciones generales es que el humano debe estar constantemente aprendiendo, apuntar a la sabiduría, tanto como pueda, para poder acercarse a la sabiduría del alma y por lo tanto de toda la creación, que todo lo entiende, que es consciente de todo y sobretodo es inocente, no define lo sucedido desde el bien o el mal, no tiene deseos egoicos sobre el mundo de "dominarlo", es capaz de entender a todos y todo lo que sucede.

Si se es capaz de seguir el camino de la sabiduría y somos capaces de entender, más allá de nuestros propios deseos, a todas las personas, somos capaces de amarlos, dando paso a la lección del "amor universal", que promueve e incita a amar a todo lo que conforma este mundo, en especial a las personas, ya que, todos somos parte de una misma unidad, del "todo", de la gran unidad, y por ello, acciones de odio, hacia otras personas, es odio hacia nosotros mismos y sin lugar a dudas eso nos hará mal y tarde o temprano nos causará enfermedad. De aquí, se desprende que, aquella "personalidad" que hemos definido como nosotros mismos y que nos hace odiar o traicionar o desear cosas desesperadamente, es solo una pequeña proporción de lo que somos, por ello estar constantemente aprendiendo es necesario. Ya que, si tomamos consciencia de lo que somos, la enfermedad no podría existir.

La tercera lección y tal vez la más importante para entender todo lo anterior es la de "seguir los mandatos del alma", esto quiere decir que, lo que origina todas las enfermedades e impide desarrollar las dos lecciones anteriores y alcanzar la plenitud y felicidad es desviarse de los caminos del alma, ya sea por persuasión de otros o por nuestros propios deseos egoicos y desconectados de lo que somos realmente (amor).

Así, una vez que nos alejamos de los dictados del alma, nos alejamos de la salud y del bienestar y para lograr regresar debemos de aprender y amar constantemente.

Las lecciones suelen ser variadas, pero, generalmente tienen que ver con ciertos "defectos" que padecen las personas, que los alejan de su alma y del amor universal (por identificarse con su "pequeña personalidad" o ego). Bach definió siete defectos a trabajar para poder alcanzar la salud nuevamente y con ello la dicha y plenitud.

Para Bach existen siete defectos básicos que impiden que la mente, siga y apoye el camino del alma y estos son: orgullo, crueldad, odio, egoísmo, ignorancia, inestabilidad (o indecisión) y codicia. Entonces, en donde estos estén excesivamente marcados, la comunicación y seguimiento de los caminos del alma será menor y por lo tanto, es más probable desarrollar alguna enfermedad.

De lo anterior, es posible desglosar que Bach -y otros sabios de la humanidad- consideraban que todas las enfermedades tienen, como primer término, un origen mental, en este caso Bach, fue más allá y se atrevió a definir aquellos "defectos" básicos que generaban las enfermedades, primero en la mente, luego obteniendo determinada emoción en consecuencia (de esto se fundamentó su sistema floral), obteniendo como efecto final a la enfermedad, mediante una somatización, que tiempo la ciencia logró demostrar a través de la psiconeuroinmunología.

De este modo, en este punto, a pesar de las diferencias de épocas -la psiconeuroinmunología es relativamente nueva- recién la ciencia está pudiendo demostrar "bajo su paradigma", lo que se ha dicho desde tiempos inmemoriales, dando paso a un punto de convergencia, cuya aparición parece poco probable, a pesar de que se hable de lo mismo, de distintas maneras o puntos de vista, por los grandes intereses secundarios de índole económica que hemos detallado en este ensayo.

Bach, nuevamente, como revolucionario que fue, no creó un sistema floral con la idea de "erradicar el defecto", sino todo lo contrario, potenciando la virtud opuesta al defecto, que se encuentra latente en cada uno de nosotros, como miembros de la "gran unidad", ya que decir que, no tenemos un potencial determinado, es decir que el mundo en su totalidad tampoco lo tiene. Esta idea es bastante interesante, ya que planta una afirmación de entrada: "que tengas un defecto, no te hace incorrecto" o más bien "no hay nada de incorrecto en el defecto", ya que en primera instancia, nuestra "pequeña personalidad", nunca podrá asemejarse a lo que somos (todo) y que, aquello que da origen al defecto, es nuestro desconocimiento de nuestra verdadera naturaleza (amor), por ello, atacarlo, sería contraproducente, haría más grande el defecto, potenciándolo.

Así, si lo que da origen al defecto, es el desconocimiento de nuestra verdadera naturaleza, amorosa y que lo abarca todo, la aceptación del defecto en primera instancia y la potenciación de la virtud opuesta, erradicarían, sin atacarlo al defecto. Por ejemplo, si nuestro defecto es la indecisión, no es la idea decir "no voy a dudar", sino más bien "lo voy a hacer", con firmeza.

Así, en la medida que trabajemos estos defectos, estaremos más cerca de nuestra alma, en donde nacerá nuestra verdadera esencia, que nos conducirá a nuestra vocación y misión en el mundo, aquello que amamos, haríamos gratis, nos hace bien y hace bien al mundo y a la salud y felicidad en consecuencia, entendiendo que, somos seres trascendentes y la vida que conocemos, solo es una "pequeña parte del viaje", pero que, una vez que nos desprendamos de quien creemos ser, de nuestra personalidad y nos abrimos al amor hacia nosotros y el mundo, el hecho de que esta vida sea efímera deja de importar, eliminando el miedo y las dudas para siempre de nosotros.

Pensado como apoyo para esto (ya que la tarea es individual y requiere deseo y responsabilidad personal) creó su sistema floral, compuesto por treinta y ocho flores, con la particularidad de que, cada vez que se sentía con un determinado estado emocional negativo, que lo alejaba de su verdadera esencia, justamente encontraba la flor para tratarlo (guiado de su alma, manifestada en él como instinto).

Tal fue su conexión con su alma, que poco después de terminar su sistema floral (misión en el mundo), murió, no sin antes legarle estos conocimientos a sus simpatizantes.

Las flores de Bach actúan en el plano energético de las personas, son energía (y nosotros también), haciendo que la energía de las flores, entren en resonancia con la emoción "negativa", despejándola, para que la persona pueda contactar nuevamente con su esencia, amorosa y sobretodo, pueda ver aquello que le causa pesar desde una mirada de neutralidad, reflexionando, tomando consciencia y actuando a través de la potenciación de la virtud opuesta que lo tiene en ese estado emocional negativo. Por ejemplo, si en un estado emocional chicory (posesivo, victimista y manipulador), existe un defecto de falta de amor o de odio, el uso de la flor del mismo nombre potenciará la capacidad de amar en libertad de la persona.

Así, como es de esperarse, la visión de Bach es el verdadero tesoro, lo verdaderamente importante de lo que hizo (documentado en su libro llamado "Cúrese a usted mismo") ya que, por más que se usen flores, si no se explica todo esto a la persona, difícilmente seguirá de forma constante los caminos de su alma. Las flores, son secundarias y están pensadas como "una ayuda", para potenciar las virtudes latentes que ya tenemos, en el camino de aprendizaje y crecimiento personal que inician las personas que deciden optar por esta terapia.

Es interesante, pero el nombre de su libro es muy revelador acerca de como él sustentaba su forma de ver la salud y la vida, ya que, implica que, uno tiene el potencial de curarse a si mismo, con el adecuado conocimiento, práctica y responsabilidad, ya que, si bien todos formamos parte del "todo", nuestro camino de vida es individual y por ello, solo nosotros tenemos el potencial y sabemos que hacer para sanar, si escuchamos a nuestra alma. Todos los esfuerzos de terceros serán únicamente para aprender o "desaprender" todas aquellas creencias que nos han alejado de la voz de nuestra alma; por esto, la mantención y recuperación de la salud, es algo indelegable.

Contrario a lo que sucede con la homeopatía, en Chile al menos, existen una gran cantidad de "centros formadores" de terapeutas florales, no obstante, como es una terapia alternativa o complementaria no reconocida ni por la OMS ni por el gobierno chileno, cualquier persona podría hacer un colegio de terapeutas florales, sin certificación de calidad alguna y ofrecer cursos, certificados por ellos mismos, dando origen a terapeutas florales de calidad cuestionable. Es curioso que esto se permita, al igual que la escasa regulación del ejercicio de la homeopatía, posiblemente ya que tener varios "terapeutas" que malentienden el mensaje de Bach, puede ser sumamente conveniente para difamar y restarle poder a esta forma de terapia. Prueba de esto, es la presencia de cursos de este tipo, por un par de horas o por un fin de semana, sin requisitos previos, con certificación inmediata como terapeuta floral, en donde, es posible enseñar que flor va para cada estado emocional y como prepararlas, pero es imposible, que bajo estas condiciones, una persona común y corriente interiorice el mensaje de Bach en todo lo que significa y propone.

De este modo, convenientemente a favor de la industria farmacéutica y la medicina tradicional, cuyo mensaje es altamente más reduccionista e intrascendente que este, circulan en el mercado local muchos terapeutas no verdaderamente capacitados para tal labor, haciendo que los resultados obtenidos por las personas sean modestos e intrascendentes o directamente, no existan resultados.

Así, esta gran visión, queda reducida a un tratamiento sintomático, en donde, la persona sigue por mucho tiempo en tratamiento, sin acercarse en lo más mínimo a la voz de su alma y a su verdadera curación.

Así, como esto genera rentabilidad, es normal que este círculo se retroalimente, dando paso cada vez a más centros formadores fraudulentos, profesionales poco capacitados y pacientes dependientes de un tercero para que, de forma indirecta, "les solucione el problema", que siguen pagando por años, alejándose aún más de su alma de lo que estaban antes de empezar el tratamiento. Con este empeoramiento que se puede dar, nuevamente, es normal regresar a los psicofármacos, incluso con más fuerza y a los brazos de la industria farmacéutica, para esta vez, probablemente no salir.

Como es de esperarse, la industria farmacéutica no suele financiar estudios clínicos bajo el paradigma convencional para estudiar las Flores de Bach, no obstante, de los pocos que se han hecho, los resultados son simplemente esperanzadores: tienden a tener una eficacia similar (desde una perspectiva reduccionista asociada al método científico), a un menor costo y sin efectos secundarios. Cabe señalar, que muchas veces, los efectos secundarios de los medicamentos tradicionales son subsanados con otros medicamentos, que pueden seguir originando efectos secundarios, en un ciclo sin fin, por ello, no es muy beneficioso para las utilidades de la industria tener una terapia eficaz y sin efectos secundarios. Nuevamente, las casas de estudio no suelen enseñar esto, por las razones previamente expuestas para la homeopatía.

A pesar de esto, existen algunas farmacias homeopáticas que venden mezclas genéricas de flores de bach, en donde, para un problema genérico (por ejemplo, baja autoestima, falta de confianza), se da un coctel de esencias florales, para que, una entre tantas pueda funcionar en la persona, dejando de lado la entrevista adecuada, la formación del equipo de la farmacia y ahorrando mucho tiempo y recursos para aumentar la cantidad de clientes atendidos en un determinado tiempo y sus respectivas ganancias, y lo más importante, lejos de su alma como es de esperar, el cliente vuelve cada vez que sienta "baja autoestima" o "falta de confianza", o incluso puede tomarlas para siempre, dejando como siempre como no ganador a la industria.

Aún en más, además de la visión de Bach y el uso de las flores adecuadamente, se podría insertar un tercer elemento: la psicología transaccional. Es un tipo de psicología, ni excesivo lenguaje técnico, ni se requiere un gran nivel de comprensión para utilizarlo, en donde, la misma persona, puede tener conocimiento de sus mandatos familiares negativos, subconscientes y arraigados desde la niñez, para liberarse de ellos y poder acercarse más a su alma y acercarse a su propia curación. Así, la integración de estos tres elementos de forma adecuada, podrían acercar a la persona a liberarse de aquello que lo controla sin saberlo y acercarse más aún a su alma.

Es interesante pero, desde un tiempo a esta parte, se ha vendido la imagen de que el conocimiento de un área solo es para las personas de esa área, por ejemplo, solo el psicólogo pueden saber psicología, solo los farmacéuticos de medicamentos, solo los doctores de medicina, cuando, nadie es dueño del conocimiento y uno como paciente, no, como persona responsable que busca sanar, no solo puede, sino también debe probar las herramientas que sean necesarias, sin limitaciones de algún tipo para recuperar su salud, empoderándose de la misma y entendiendo que, el principal protagonista de su salud y de su vida, es el mismo.

No es de extrañar, de que, en algún momento, la ciencia, tal como la conocemos, comenzara a demostrar lo que otras formas de terapias desvalidadas previamente comentaban desde hace siglos: el origen mental-emocional de las emocionales.

Es por esto, que hace no mucho, el Dr. Ryke Hammer -igualmente rechazado y perseguido por la comunidad científica convencional-, de profesión médico con especialidad en radiología, ante una situación traumática que vivió en un momento dado de su vida -la muerte de su hijo-, observó que al tiempo de que este hecho ocurriese, desarrolló un cáncer de testículo y su esposa, un cáncer de mama, con la particularidad de que ellos siempre tuvieron una vida saludable "exteriormente": tenían hábitos de vida saludables.

Así Hammer, como médico radiólogo que era, hizo una correlación temporal entre el evento traumático y vivido dramáticamente vivido (la muerte de su hijo), la aparición de una lesión en una zona específica del cerebro y del cáncer de testículo, concluyendo que, el origen de su enfermedad no era más que una forma de "solución" de su biología al conflicto vivido. Para su biología, tener un testículo más grande, aumentaba las posibilidades de tener un nuevo hijo. Asimismo, el aumento del tamaño de mama de su mujer, para su biología -y mente- aumentaba las posibilidades de que, si tenía un nuevo "cachorro", este podría sobrevivir, teniendo más leche materna disponible.

Con base en esto, Hammer dio origen a las cinco leyes biológicas, definidas como tales y respaldadas por sus estudios y conocimientos en radiología convencional, que nos legó y pasamos a repasar a continuación

La primera, la regla férrea del cáncer, menciona que, siempre, previo a la aparición de cualquier enfermedad, existe una lesión en una zona específica del cerebro, llamada por él como "Nódulo de hammer" y esta está ubicada siempre según el tipo de conflicto traumático-emocional vivido, tanto a nivel cerebral, como de un órgano especifico. En otras palabras, la lesión primaria es cerebral, secundaria a un shock traumático y el desarrollo de la enfermedad, depende directamente del desarrollo del Nódulo de Hammer.

La segunda ley, la "Ley bifásica de los programas especiales de la naturaleza", señala que, todas las enfermedades, son programas especiales de la naturaleza, destinados como tal para dar respuesta y tratar de solucionar, a corto plazo, a conflictos reales o percibidos que podemos tener en nuestra vida. Como son "especiales", siempre que resolvamos el conflicto, están destinados a comportarse de forma definida, en dos Fases. En la primera, la de simpaticotonía, un estado de estrés determinado, generado tras la situación traumática, nos mantiene estimulados, con una gran descarga del sistema nervioso autónomo simpático, en conjunto con la aparición del programa especial de la naturaleza (enfermedad) y esta se puede mantener por tiempo indeterminado, hasta que se resuelva el conflicto, entonces, se da paso a la segunda fase, la de vagotonía, en donde, se ha resuelto el conflicto y aparecen síntomas relacionados con el sistema nervioso autónomo parasimpático, como sueño, mayor apetito y fatiga, ya que el organismo, está empleando todas sus energías, en reparar las lesiones cerebrales y orgánicas asociadas al conflicto vivido y superado.

Resulta interesante, pero su propuesta es que, las enfermedades crónicas, como las conocemos, son reincidencias del conflicto original, en donde, la fase de curación se interrumpe-reinicia constantemente, ya que no existe una superación total del conflicto. Esta fase de solución es por la que habitualmente visitamos al médico, sin comprensión alguna ni reflexión de que puede significar un síntoma, como dijimos previamente, tachándolo de "incorrecto" de forma automática y paleando sus síntomas hasta hacerlos desparecer, impidiendo el "esfuerzo" de la naturaleza por curarse a sí misma, tal como Hahnemann lo planteaba, yendo en sentido contrario de la sabiduría de la naturaleza y la creación.

Esto cobrará sentido en cuanto nos refiramos a la Biodescodificación y la aparición de conflictos simbólicos, subjetivos o percibidos.

La tercera ley, hace referencia al sistema "ontogénico" de aparición de enfermedades, que uniendo las leyes previas, establece un flujo completo de comprensión de la aparición de las enfermedades.

Para comprender la tercera ley, hay que explicar cómo se desarrollan las capas embrionarias que dieron origen a todos los órganos que tenemos en nuestro organismo.

Cuando estamos creciendo, en el vientre de nuestra madre y previo a nuestro nacimiento, en especial, en el primer trimestre de gestación, aún no tenemos órganos como los conocemos, sino que más bien, tenemos capas embrionarias, de las que se va a dar origen a los diversos órganos que conformarán el organismo vivo y autosuficiente para sobrevivir en el mundo exterior. Así, cada órgano, proviene de una capa embrionaria y contamos con tres capas embrionarias esencialmente, endodermo que da origen a órganos relacionados con la supervivencia (aparato digestivo, algunas células respiratorias, páncreas, etc.), mesodermo, que se divide en dos capas: mesodermo antiguo que da origen a órganos y tejidos que protegen órganos para la supervivencia (pleura, peritoneo, entre otros) y mesodermo nuevo, que origina órganos y tejidos que están relacionados con la capacidad de "cazar" y actuar (todo el sistema musculoesquelético y parte del sistema circulatorio). Finalmente, el ectodermo, que da origen a órganos y tejidos relacionados con la capacidad motriz y "territorial", como la piel o ciertas células oculares o auditivas.

Así, Hammer estableció que, para cierto tipo de conflictos traumáticos, existen lesiones cerebrales en los puntos específicos de este relacionados con cada capa embrionaria y a su vez, producto de esta lesión cerebral, se afectará un órgano derivado de la misma capa embrionaria. Por ejemplo, si existe un conflicto de desvalorización (sentirse incapaz de competir, no apto), la capa afectada será el mesodermo nuevo, creando una lesión cerebral en la sustancia blanca, que controla órganos derivados del mesodermo nuevo y por ende, el órgano o tejido afectado será, dentro de estos, uno que pueda resolver el conflicto que la persona está viviendo como traumático y "dramático".

Así, los conflictos -reales o simbólicos- de supervivencia, afectarán a los órganos derivados del endodermo, los de desprotección a los del mesodermo antiguo, los de desvalorización a los del mesodermo nuevo y los de "territorio" a los del ectodermo.

Aún más, Hammer se aventuró a postular que, en la fase activa del conflicto, simpaticotonía, los órganos provenientes del endodermo y mesodermo antiguo y sus células conformantes tienden a entrar en proliferación celular (se necesitan más células para sobrevivir o protegerse) y en fase de solución, vagotonía, se tiende a reparar este exceso celular necesario para corregir el conflicto, con necrosis y destrucción de las células excedentes, vía bacterias del mismo organismo (véase la cuarta ley). Mientras que, para conflictos de órganos derivados del mesodermo nuevo y del ectodermo es inverso: en fase activa de conflicto, existe una reducción celular vía necrosis del órgano afectado ("no voy a hacerlo, no soy capaz, no necesito tanto de esto") y en la fase de reparación, existe proliferación compensatoria para "rellenar" el tejido muerto, nuevamente vía microorganismos internos ("ahora lo voy a hacer, soy capaz, necesito más de esto").

La cuarta ley, "La función de los microbios", replantea varios aspectos de como entendemos la vida microscópica, incluyendo nuestra propia visualización de las enfermedades infecciosas y salud general por parte de la medicina tradicional ortodoxa derivada del modelo mecanicista de newton. Para Hammer, los microorganismos, esencialmente internos, ya que somos un gran reservorio de ellos, como "portadores", tienen una función especial en la fase de reparación del conflicto, potenciando la proliferación del tejido (vía inflamación) o la necrosis del mismo, según lo que se requiera en esa fase, pero lo más importante, estos no funcionan de forma autónoma, ni son "malos" o "malhechores" que nos quieren dañar, ya que su función está regulada por el cerebro y actúan según su orden y necesidad. Esto tiene particular sentido, ya que el humano ha existido desde hace milenios y las enfermedades infecciosas solo han sido tema de importancia hace un par de siglos, esto hace plantearse la premisa de base que regula la utilización indiscriminada de antimicrobianos, que aunque no lo digamos, es "debemos protegernos de la naturaleza, esta nos quiere matar", esta forma de verlo, quita el sentido de la creación del humano, en una mirada nihilista, en donde, las personas no tienen razón de ser trascendente y más aún, "estamos aquí para sobrevivir y defendernos de los constantes peligros del mundo". Y sin decirlo, ni ser plenamente conscientes de ello, este paradigma gobierna la forma en la que vivimos, o "sobrevivimos" y entendemos la salud y el universo.

La quinta ley, llamada "Quintaesencia", es una recopilación de los hallazgos de hammer, de cómo este visualizaba la salud, la medicina y la enfermedad y aún más, como este visualizaba toda la vida. Por razones de sentido de este ensayo y extensión de este, no será expuesto aquí, no obstante, si algún lector desea profundizar en esta, está recomendada.

Así Hammer, muy en línea con los demás exponentes mencionados en este ensayo, reafirma la idea del origen mental-emocional de las enfermedades, de su sentido, incluso de su utilidad de aprendizaje, para la generación de un ser humano más trascendente, más fiel a sí mismo y más amoroso, descartando la idea de que un síntoma sea algo incorrecto, sino que, intenta ayudarnos en las situaciones que nosotros mismos consideramos conflictivas según nuestra propia percepción distorsionada de la realidad. Es así, todos observamos la realidad de forma más o menos distorsionada, según nuestras creencias limitantes, a las que honramos y santificamos bajo el calificativo de "verdad" y esto no excluye a quienes fomentan exclusivamente la medicina tradicional, ya que, en su ser, ser esconde el temor inconsciente de que, todo aquello que creyeron tantos años, aquello que los hacia "importantes" y les daba valor, puede no ser más que una ilusión. De forma egoica se aferran a esta creencia, que posiblemente no es ni siquiera suya, privando a las personas, de una mejor medicina, más integra y posiblemente, resolutiva, probablemente, ya que para su ego, seria altamente doloroso entender que han sido títeres de una industria que lucra con el dolor y el sufrimiento ajeno, desconociendo, toda su vida probablemente, que su forma de medicina, no es la única ni la mejor y lo más importante, que talvez, nunca ha habido tanto interés en ayudar a otros como lo piensan, ya que, quien desea ayudar a otros y amarlos, es capaz de flexibilizar por ellos.

Todos vivimos durmiendo en nuestro ego, en aquello que creemos cierto y lo defendemos, a pesar de intuir que puede no ser verdad y solo es una "opinión" o "punto de vista"; por eso luchamos contra lo nuevo y diferente, incluyendo los médicos y demás profesionales de la salud, cuando la realidad nos dice algo diferente a nuestras creencias y a como creemos que "debe ser el mundo". Ante esto, a lo menos, dudar de que tanto amor exista en este mundo de la salud, como para defender nuestras creencias, prefiriendo "tener razón" a sanar a los pacientes.

De este miedo, de este desconocimiento de nuestra verdadera naturaleza humana, voluntariamente aceptado por la fragilidad que cargamos en nuestra alma, por no sernos fieles, por identificarnos con nuestra pequeña personalidad y en último término, por nuestro miedo a amar a todo el mundo incondicionalmente, se alimenta la industria farmacéutica, que tiene tanto o más miedo que nosotros, ya que, tarde o temprano, su negocio llegará a su fin; ya que, progresivamente, más personas están dejando de lado su ego, para buscar soluciones no solo que los sanen, sino que los haga más felices y plenos, algo que los medicamentos por sí solos nunca podrán lograr.

Encaja muy bien, no solo con las cinco leyes biológicas de Hammer, sino que también con la visión de que nuestra verdadera esencia es amor, es unión, es inocencia, libre de miedo, la Biodescodificación.

La Biodescodificación o Biodecodificacion es una terapia alternativa, cuyo principal exponente es Enric Corvera -entre otras cosas, psicólogo y naturópata- y que se sustenta en el hecho de que, todos los efectos de nuestra vida, no solo las enfermedades, sino todo aquello que nos sucede en la vida tiene un origen mental.

Este origen mental, como decía Hammer, recae en situaciones conflictivas, estresantes y dramáticas, pero para que una situación sea de tal índole, debe ser percibida por una persona como tal, y esa percepción depende de cómo observamos escenas, en esencia, neutras, ni buenas ni malas, ni positivas, ni negativas, estas situaciones en si no tienen clasificación, es la mente quien las "etiqueta" como tal.

Por ejemplo, si alguien pierde su trabajo y piensa que no le alcanza para vivir por mucho tiempo -se imagina pidiendo limosnas en la calle- y a consecuencia de esto, siente miedo y genera un conflicto emocional y mental, que en el mediano-largo plazo le genera una enfermedad, es porque la persona percibió esta situación como algo amenazante, pero el hecho concreto es que dejará de trabajar en un lugar determinado. Para que alguien viviese este hecho concreto de forma traumática y amenazante, es porque está condicionado con una o varias creencias limitantes de "no sentirse capaz" o "no sentirse suficiente" para buscar otro trabajo y sobrevivir ahí.

Así, algo es traumático o no, según el sistema de creencias que posea una persona, ya que todas las situaciones son "neutras" o "inocentes". Aquí, la Biodescodificación, se encarga de utilizar una serie de herramientas y aprendizajes que se entregan al consultante para que, con estas, sea capaz de hacerse consciente de aquellas creencias que lo tienen en "piloto automático", que no sabe que tiene, de modo de poder resignificar el momento preciso en que se originaron, entendiendo que, aquella creencia que se tiene, solo fue una forma de ver una realidad concreta y por ello, no es ni verdad, ni mentira, solo un punto de vista, generado, habitualmente desde el miedo a no sobrevivir o no ser amado en la niñez.

Algunas herramientas y enseñanzas brindadas por la Biodescodificación, es el entrenamiento de una mirada "inocente" (neutra) de la realidad, amorosa (entendiendo que todos somos parte de lo mismo), libre y responsable de la realidad, entendiendo responsabilidad como el hecho de que todo lo que nos pasa en la vida es nuestra responsabilidad, incluso nuestras enfermedades, sea cual sea.

Es interesante, pero la Biodescodificación, además de aspectos metafísicos y espirituales, utiliza en parte las leyes de hammer, en parte la epigenética conductual (para tratar enfermedades genéticas) y también la Psiconeuroinmunologia (PNI).

A pesar de esto, no hay ni rastros de formaciones en Biodescodificación validadas por grandes instituciones en el continente, ni mucho menos, existen estas en las mallas curriculares de los estudiantes de la salud ortodoxa. Aún en más, en internet, solo es posible encontrar escasa información, en portales desconocidos, en donde, es fácil entregar información imprecisa y/o fraudulenta, descontextualizada, impidiendo una apropiada comprensión de sus bases y su práctica, potenciando su mal entendimiento y como es esperable, resultados decepcionantes que no tardaran en ser transmitidos de unas personas a otras, impidiendo que este tipo de terapias tenga un mayor impulso, popularidad y finalmente, sean masificadas. Aquí, los medios de comunicación tienen un rol clave, ya que no se da tribuna a aquellos exponentes del continente o del mundo, que pudiesen explicar adecuadamente su funcionamiento y paradigma, por el contrario, se entrega información descontextualizada, que una persona sin previos conocimientos, apertura mental y deseos reales de mejorar difícilmente entenderá, posiblemente para, centrar el modelo de atención de salud actual, tal y como está, con una gran farmacodependencia.

Es interesante, pero este conocimiento, nuevamente, queda en manos de personas que posiblemente, no tienen las mejores herramientas o preparación para sacar su máximo potencial, ya que, como es esperable, la escasa validación, da paso a la escasa regulación de la actividad, por ello, es sencillo que pudiesen aparecer "terapeutas" no preparados que malentiendan la doctrina y paradigma de la Biodescodificación, imposibilitando su adecuada llegada a las personas.

La PNI, explica de forma científica como un "estrés", como el generado por una situación altamente conflictiva (Hammer), percibida como tal (Biodescodificación), mantenido a mediano-largo plazo, genera una cascada de reacciones químicas en el organismo, vía el sistema HHA (hipotálamo, hipófisis, adrenal), generando, una proliferación, ulceración o detención de la función, manifestada como diversas enfermedades o regulaciones epigenéticas en la aparición de condiciones de salud heredadas, pero que no necesariamente podrían aparecer.

En esta última me quiero detener, ya que, la PNI, es una ciencia validada por la ciencia tradicional, y está directamente en correlación lógica con todas las terapias alternativas señaladas en este ensayo, de un modo u otro. Situación similar con la epigenética conductual que igualmente es validada científicamente. No es del todo extraño, pero todas las formas alternas de terapia aquí señaladas fueron originadas por médicos o por personas involucradas en las ciencias ortodoxas y que tenían plenos conocimientos de sus alcances y limitaciones.

Así, si la ciencia ortodoxa ya ha validado, directa o indirectamente otras formas de terapia, como las señaladas en este ensayo, va en correlación lógica con su discurso y tienen variados puntos en común y se ensamblan adecuadamente, ¿por qué las filas de espera y la cantidad de farmacias aumenta y las terapias alternativas están en franca disminución y rechazo?

Conclusión

La primera y principal barrera que imposibilita que otras formas de terapia, posiblemente, tanto o más eficaces, tanto o más seguras y tanto o más resolutivas se encuentren en el "sótano" de la sociedad y las farmacias y sistema tradicional tal y como lo conocemos esté en franco aumento, con millones de dolares de ganancias cada año, sin solucionar los problemas ni orgánicos ni emocionales de las personas, es la falta de responsabilidad de las mismas, en la gran mayoría no hay un deseo real de mejorar, ya que, si bien no fue un tema tratado con una gran extensión en este ensayo, quien desea mejorar, sanar y encontrar una respuesta definitiva a su problema, lo hará, de algún modo u otro. Prueba de esto es que, si bien todo el sistema está hecho para "introducirse" en ese círculo vicioso de más y más medicamentos, quien va, hace la fila en la farmacia y se conforma con ello es la persona, es de ellos el dinero que engrandece a la industria. En mi opinión, quien quiere sanar de verdad e ir más allá, tener una vida grandiosa, deja de lado su ego y lo que le enseñaron, para buscar algo que le "cierra", aunque le dé miedo y otras personas digan lo contrario.

La segunda barrera es también de las personas, conocer este tipo de terapias exigen una visión diferente de la vida y la salud, un trabajo de autoconocimiento y desarrollo personal indelegable y que, como es tal, las personas intuyen que el dolor primero de asumir su responsabilidad en lo que respecta a su salud y en segundo lugar que, posiblemente, nunca o casi nunca vivieron su propia vida, es tan grande, que, con entendible miedo, prefieren creer aquello que les cause menos dolor.

La tercera barrera, es el egocentrismo de las casas de estudios y educación en general -incluida la primaria-, ya que si bien responden al mercado y lo que este solicita, a su vez, el mercado igualmente los necesita para satisfacer su demanda, por ello, si en las mismas existiera más flexibilidad a ver "neutramente" los nuevos paradigmas de la salud, actualizando sus mallas y pudiendo dar más herramientas a quienes, cuentan con la mayor densidad de pacientes, probablemente, el escenario serio diferente. sinérgicamente si los estudiantes, no solo en la universidad, sino que también desde la edad más temprana, comenzaran a desarrollar una forma de pensar más crítica, flexible, podrían exigir dichas enseñanzas en todos los niveles educativos, lógicamente, ajustados a su situación particular.

La cuarta barrera, es la industria como tal, en su modelo altamente lucrativo y visión conveniente de la salud y la enfermedad, que, desde la necesidad de los profesionales, la falta de voluntad de los pacientes y sus influencias en los distintos consorcios económicos, incluido el gobierno y las comunicaciones, han construido una "trampa" de la que es difícil salir, sin una cantidad de dolor elevadísima, que no todos están dispuestos a soportar, esencialmente, por los costos de la vida de hoy y la necesidad constante de dinero, que los obliga a estar "funcionales".

En este ensayo, no me centré en los aspectos positivos de la terapia con medicamentos tradicional, ya que estos están muy validados y globalmente aceptados, no obstante, es posible concluir que estos por un determinado tiempo, según la situación clínica del paciente, además de la terapia alternativa que más se adapte a la situación de las personas, puede derivar, a mediano-largo plazo en una curación definitiva de cualquier tipo de enfermedad, no dependiendo de medicamentos toda la vida e incluso, adquiriendo la felicidad y libertad que todos buscamos día a día.

www.ingramcontent.com/pod-product-compliance
Lightning Source LLC
Chambersburg PA
CBHW051917210526

45473CB00006B/2045